Il y a une dissertation curieus
De Thermometrorum emendatione
a Gothof. Henric. Burghardo
in mantissa Speciminum Satyræ
Medicor. Silesiacorum

8967

EXPLICATION
DES PRINCIPES
ÉTABLIS

PAR M. DE RÉAUMUR,

POUR

LA CONSTRUCTION
DES
THERMOMETRES

DONT LES DEGRÉS

SOIENT COMPARABLES.

Es Principes essentiels à la construction de ces Thermometres sont écrits sur leurs planches ; mais ils n'y sont exposés qu'en abrégé, la place ne permettoit pas davantage. On n'a pû y en donner une explication détaillée, &

A

encore moins de ce qui a déterminé à les
adopter. Cette Explication a été defirée
par la plûpart de ceux qui ont voulu avoir
de ces Thermometres ; c'eft ce qui a engagé
à donner ici une efpece d'extrait de la Differtation lûë par M. de Reaumur à l'Affem-
blée publique de l'Académie des Sciences
de la Rentrée d'après la S.ᵗ Martin 1730,
il fuffira pour apprendre ce qui caractérife
ces Thermometres ; mais fi on veut être
inftruit de la fuite des procédés néceffaires
pour les conftruire, & de tout ce qui peut
contribuer à les rendre parfaits, on lira la
Differtation même, lorfque les Mémoires
de l'Académie de 1730, parmi lefquels
elle eft imprimée, paroîtront.

Le plus utile, & même le plus amufant
ufage qu'on puiffe faire des Thermometres,
c'eft de s'en fervir pour comparer le froid
& le chaud des différentes Saifons & des
différents Climats. Les Phyficiens fçavent
les avantages qu'on pourroit retirer de cette
comparaifon ; mais ils fçavent auffi que les
Thermometres ordinaires ne permettent
pas de la faire d'une maniére fatisfaifante.
Quelqu'un, qui a fuivi un Thermometre
pendant plufieurs années, qui a remarqué

jufqu'où la liqueur s'eft élevée dans les jours les plus chauds, jufqu'où elle eft defcendüe dans les jours les plus froids, verra, dans les années fuivantes, quand le chaud ou le froid feront au deffus ou au deffous des termes qu'il aura obfervés dans celles qui ont précédé ; mais fes obfervations ne font que pour lui, il ne fçauroit les comparer avec celles qui ont été faites dans d'autres pays. Inutilement quelqu'un écriroit de Rome à un obfervateur de Paris, qu'un tel jour à telle heure du mois d'Août, par exemple, la liqueur de fon Thermometre s'eft élevée à 60 degrés. L'obfervateur, qui fçait jufqu'où la liqueur du fien s'eft élevée le même jour, à la même heure, à Paris, n'en fçait pas davantage s'il a fait ce jour-là plus chaud à Rome qu'à Paris ; & cela, parce que différents Thermometres expriment les mêmes degrés de chaud & de froid par des nombres de degrés différents. Le jour auquel nous nous fommes fixés, la liqueur du Thermometre de l'obfervateur de Paris aura pû être élevée à 70 degrés, c'eft-à-dire, 10 degrés plus haut que celle du Thermometre de l'obfervateur de Rome, quoique ce même jour il ait fait moins chaud à

Paris qu'à Rome. Que le Thermometre sur
lequel on a fait des observations pendant
une longue suite d'années, vienne à être
caffé, on ne peut plus profiter de ses observations : il faudra avoir un nouveau
Thermometre, qui parlera une langue in-
connüe, qui n'est plus celle de l'ancien, &
qu'on n'entendra même qu'après plusieurs
années.

Le grand défaut des Thermometres ordinaires est donc de ce qu'ils expriment les
mêmes changements de température d'air
par différents nombres de degrés ; & de la
façon dont on les construit, cela ne sçauroit être autrement. On a une Boule de
Verre, adaptée à un Tube de Verre très-
délié, on remplit cette Boule & partie du
Tube d'une liqueur, qui est communément
de l'Esprit de Vin coloré ; on scelle le Tube.
Voilà le Thermometre fait. On le pose &
on l'attache sur une planche de bois, sur
laquelle est collée une feüille de papier,
dont la hauteur est divisée en 100 parties
égales par des traits, qui y ont été impri-
més tous à la fois au moyen d'une Planche
gravée ; l'espace compris entre deux traits
est un degré.

La liqueur du Thermometre fe condenfe, perd de fon volume par l'augmentation de froid, & fe dilate, acquiert du volume par l'augmentation du chaud. Ce dont le volume s'eft augmenté eft mefuré par l'efpace qu'elle occupe de plus dans le Tube, & ce dont il s'eft diminué par l'efpace qu'elle y occupe de moins. Que du midi d'un jour au midi du jour fuivant elle fe foit élevée de 10 degrés, cela veut dire qu'elle occupe de plus, que dans le jour précédent, la capacité du Tube comprife par ce nombre de degrés. Mais fi la groffeur de la Boule étant la même, le Tube avoit eu moins de diametre, la hauteur marquée fur la planche pour 10 degrés n'eût pas fuffi pour loger ce dont le volume de la liqueur a été augmenté ; pendant le changement de température d'air que nous avons fuppofé, la liqueur fe feroit élevée dans le Thermometre, dont le Tube eft plus délié de 12, 15, ou de 20 degrés, plus ou moins. Si on fait un femblable raifonnement fur des Boules dont les diametres font inégaux, & qui font adaptées à des Tubes de même ou de différents diametres, il découvrira une fource femblable de variétés encore plus

A iij

grandes. En un mot, plus le diametre d'une Boule fera grand par rapport à celui du Tube, & plus la liqueur s'élevera dans ce Tube, par la même augmentation de chaleur, ou au contraire plus elle y defcendra par une même augmentation de froid, ou une même diminution de chaud. Il n'eft rien qui foit plus connu des Phyficiens, auffi n'eft-on entré dans ce petit détail que pour ceux qui, quoiqu'ils ne cultivent pas la Phyfique, veulent cependant fe fervir de Thermometres.

Dès qu'on fçait comment fe font les Boules & les Tubes de Verre, on fçait auffi qu'il eft impoffible de leur donner précifément les diametres qu'on voudroit, & qu'il eft prefque impoffible de s'affûrer du rapport qu'ont les diametres de Tubes trèsdéliés ou prefque capillaires, tels que font ceux des Thermometres ordinaires, foit avec ceux des Boules, foit entre eux ; par conféquent que la marche de la liqueur, dans différents Thermometres, fe fait felon des rapports inconnus, & nullement comparables.

Une autre fource encore d'inégalités de marche, c'eft que toutes les liqueurs ne fe dilatent pas également, lorfqu'elles font échauffées au même point. L'eau, par exemple, fe dilate confidérablement moins que l'Efprit de Vin ; par la même raifon l'Efprit de Vin foible fe dilate moins que l'Efprit de Vin bien rectifié ; d'où il fuit que quand on feroit parvenu, ce qu'on n'oferoit fe promettre, à avoir des Thermometres dans lefquels les rapports des Tubes aux Boules feroient les mêmes, qu'on feroit encore expofé à avoir des Thermometres dont les marches feroient différentes, & cela s'ils ne font pas remplis du même Efprit de Vin. Les ouvriers, qui font des Thermometres, les rempliffent d'Efprit de Vin pris au hazard, tantôt d'Efprit de Vin bien rectifié, tantôt d'Efprit de Vin foible ; il y en a même qui ne les rempliffent que de fimple Eau-de-vie, & d'Eau-de-vie plus ou moins forte.

Indépendamment de l'impoffibilité qu'il y a de comparer entre eux les degrés de différents Thermometres, on ne fçauroit comparer entre eux ceux d'un même Thermometre d'une maniére qui contente ; tout ce qu'on voit, c'eft qu'ils font chacun des portions égales de la hauteur du Tube, mais ils ne donnent aucune idée de mesure du chaud & du froid, ou aucune idée distincte des effects que la chaleur ou le froid ont produits dans la liqueur.

Pour avoir des Thermometres plus satisfaisants pour l'observateur, & plus utiles au progrès de la Physique, M. de Reaumur a cherché à en construire qui exprimassent toûjours les mêmes changements de température d'air par un même nombre de degrés ; de tels que, quand ils seroient placés les uns auprès des autres, leur liqueur fût toûjours au même degré, & qu'ainsi on fût en état de comparer les observations faites sur le froid & le chaud en différents climats. Un observateur a vû que son Thermometre étoit un certain jour à Paris à 22 degrés ; on lui a écrit de Rome qu'un Thermometre, construit sur les mêmes principes, étoit le même jour dans cette Ville à 30 degrés ; comme il sçait que si son Thermometre eût été à Rome auprès de l'autre, il eût aussi été à 30 degrés, il sçait que le chaud de ce jour-là à Rome a été de 8 degrés plus grand que celui de Paris.

Mais M. de Reaumur a voulu de plus

que ces degrés ne fuſſent point des expreſ-
ſions arbitraires, qu'ils donnaſſent quelque
idée, plus préciſe, de la meſure des effets
du chaud & du froid. Des principes très-
ſimples ſur leſquels il a penſé que les Thermometres devoient être conſtruits, ſatisfont
à toutes ces différentes vûës.

1°. Au lieu qu'on commence à compter
les degrés, dans les Thermometres ordinaires, à un terme vague, pris proche de
l'inſertion du Tube dans la Boule ; il en
fixe un qui eſt déterminé par la Nature, &
dont nous avons quelque idée. Ce terme
eſt le degré de froid qu'a l'eau qui commence à ſe geler, ou, ce qui revient au
même, c'eſt celui du froid de la glace qui
eſt prête à ſe fondre, du froid que peut
produire en Eté de la glace tirée d'une
Glaciére. Il a reconnu que ce degré de
froid étoit toûjours ſenſiblement le même,
quoiqu'il y ait en Hyver de la glace conſi-
dérablement plus froide que d'autre glace.
Ce terme eſt marqué ſur le Thermometre,
& à côté ou au deſſous eſt écrit, *Congellation artificielle de l'Eau*, parce que l'eau,
qu'on fait geler par art, a ce degré de froid
dans l'inſtant où ſe fait la congellation.

On commence à compter les degrés de ce terme, les uns en montant, & les autres en descendant. Ceux qui sont au dessus marquent de combien la liqueur est plus chaude que dans le temps où elle a le froid qui produit la congellation de l'eau ; & ceux qui sont au dessous, marquent de combien elle est plus froide qu'à ce même terme ; ou, ce qui revient au même, les uns marquent de combien la liqueur est plus rarefiée, & les autres, de combien elle est plus condensée que dans le temps de la congellation artificielle. Les degrés ascendants sont les degrés de rarefaction, & les degrés descendants sont les degrés de condensation.

2°. Dans les nouveaux Thermometres les degrés ne sont point des parties du Tube toutes égales entr'elles en hauteur, c'en sont des parties égales en capacité. Aussi peut-on remarquer, dans la plûpart des nouveaux Thermometres, que les degrés, qui sont vers le haut du Tube, paroissent plus grands, & sont plus grands sur la planche que les degrés inférieurs. On peut observer tout le contraire dans d'autres de ces mêmes Thermometres, & cela parce que les Tubes ont un plus grand diametre, & sur-tout un plus grand diametre intérieur, à un de leurs bouts qu'à l'autre. Ordinairement le plus gros eſt celui qu'on ſcelle à la Boule. Or dès qu'on prend pour chaque degré une égale capacité du Tube, on prend néceſſairement pour différents degrés des portions du Tube inégales en longueur.

3°. Mais ce qui caractériſe particuliérement ces Thermometres, c'eſt que chacun de leurs degrés ne ſont pas des quantités purement arbitraires & inconnües ; ils ſont des meſures du chaud & du froid, telles qu'on les peut demander. Quand on conſtruit le Thermometre, on commence par déterminer où doit être la ligne qui marque le froid de la congellation artificielle. Il y eſt déterminé de façon que le volume de la liqueur contenüe dans la Boule & dans le Tube juſqu'à ce terme, eſt exactement de 1000 parties, ou meſures. Ce n'eſt pas ici le lieu d'expliquer comment cela s'execute, on le trouve détaillé dans le Mémoire de M. de Reaumur, imprimé parmi ceux de 1730 ; il ſuffit qu'on ſçache, & il faut ſçavoir, que le volume de la liqueur qui ſe termine à la ligne de o degré, ou à la ligne de la congellation artificielle,

contient 1000 mesures dans tout nouveau
Thermometre : or chaque degré du Tube
contient précisément une de ces mesures.
Les degrés alors étant tous des parties égales d'un volume connu de liqueur, on a
idée de ce que c'est qu'un degré ; & ces
degrés nous donnent des mesures du chaud
& du froid, ou de leurs effets, tels que
nous les pouvons demander. Car que la
liqueur d'un Thermometre se soit élevée
au 20me degré au dessus de la congellation,
cela nous apprend que le volume de la
liqueur, qui est 1000, quand il est condensé par le froid où l'eau commence à se
geler, est devenu 1020 ; que ce volume
est plus grand de 20 parties ou mesures
qu'il n'étoit dans le temps de la congellation ; ou, si l'on veut, que le degré de
chaleur actuelle de l'air est capable d'aug-
menter le volume de la liqueur de $\frac{1}{50}$. Si
dans un autre temps la liqueur se trouve
10 degrés au dessous de la congellation,
cela signifie que l'augmentation du froid,
l'excès du froid, sur celui qui suffit pour
geler l'eau, a condensé, a réduit à 990
un volume de liqueur, qui est 1000, lorsqu'il n'a que le degré du froid qui suffit

pour geler l'eau. L'effet de la chaleur est
de dilater les corps ; l'effet du froid ou de
la diminution de chaleur est de les conden-
ser. On ne peut donc mieux mesurer les
effets du froid & du chaud qu'en mesurant
de combien un volume connu de liqueur
s'est condensé ou rarefié, & c'est ce qu'ap-
prennent à chaque instant les Thermometres, dont les degrés font des portions
déterminées & connües du volume de la
liqueur qu'ils contiennent; ils s'expriment
d'une maniére intelligible. Aussi la conftruction de ces Thermometres demande
que tout se fasse la mesure à la main, &
c'est dans le Mémoire que nous avons déja
cité, qu'on doit voir quelle doit être la
forme des mesures, avec quelle précaution
il en faut faire usage, pour que les Thermometres soient exacts. Mais on voit pour-
quoi on leur donne de plus gros Tubes,
& par conséquent de plus grosses Boules
que celles des Thermometres ordinaires;
on ne sçauroit se promettre de mesurer avec
exactitude, dans des Tubes presque capillaires, les portions égales qui y doivent
être prises pour degrés. On abandonne les
petites Horloges, les Montres, quand on

veut des inftruments à mefurer le temps
d'une extrême exactitude, on a recours
alors aux Pendules ; fi on veut des mefures
exactes du chaud & du froid, il faut de
grands Thermometres.

5°. Une des regles aufti effentielle à la
conftruction de ces Thermometres qu'aucune des précédentes, eft de les remplir
tous d'un Efprit de Vin également dilata-
ble, ou au moins d'un Efprit de Vin dont
on connoît la *dilatabilité*. Si un Thermometre a été rempli d'un Efprit de Vin très-
rectifié, & qu'un autre Thermometre, gra-
dué avec les mêmes précautions, ait été
rempli d'un Efprit de Vin foible, d'une
efpece d'Eau-de-vie : pendant que la liqueur
du premier s'éleveroit à 20 degrés, par
exemple, celle du fecond pourroit ne s'éle-
ver qu'à 14 ou à 15 degrés ; & de même
la liqueur du premier defcendroit à 10 degrés au deffous de la congellation, pendant
que celle du fecond ne defcendroit qu'à 7
à 8 degrés. Pour affûrer l'accord entre les
Thermometres, il faut donc les remplir
tous du même Efprit de Vin, d'un Efprit
de Vin d'un même degré de force ou de
dilatabilité. M. de Reaumur a établi un

genre d'épreuve, qui eſt expliqué dans le
Mémoire déja cité plus d'une fois, au
moyen de laquelle on peut déterminer avec
aſſés de préciſion la qualité de tout Eſprit
de Vin. Par cette épreuve on connoît de
combien un Eſprit de Vin, condenſé par le
froid de la congellation artificielle, peut
être dilaté par la plus grande chaleur que
l'eau boüillante puiſſe lui donner ſans le
faire boüillir. Il s'eſt déterminé à faire remplir les Thermometres d'un Eſprit de Vin,
dont le volume étant de 1000 parties,
lorſqu'il a pris le froid de l'eau qui commence à ſe geler, devient 1080, lorſqu'il
a pris le plus grand degré de chaleur que
l'eau puiſſe lui donner ſans le faire boüillir.
Il eſt aiſé de trouver par-tout des Eſprits
de Vin beaucoup plus rectifiés; & c'eſt ce
qui a déterminé en faveur de celui-ci, parce
qu'en affoibliſſant l'Eſprit de Vin trop fort,
en y mêlant de l'eau, on le ramene à être
de l'Eſprit de Vin foible, tel que celui qui
eſt demandé; au lieu qu'il faut avoir recours à des opérations que tout le monde
n'eſt pas en état de faire pour rectifier un
Eſprit de Vin plus qu'il ne l'eſt. Dès que
l'on ne demande qu'un Eſprit de Vin foible,

on peut par-tout en avoir pour conſtruire
des Thermometres, & on ne pourroit pas
par-tout en avoir un très-rectifié.

L'eſſentiel de ce qui vient d'être expliqué, eſt écrit ſur les planches des Thermometres, mais très en abregé. On trouve
au haut de la Planche, à gauche, *Que le*
volume de la liqueur, ou de l'Eſprit de Vin,
condenſé par la congellation de l'eau, eſt de
1 0 0 0 parties ou meſures, & que le volume
de la liqueur dilatée par l'eau boüillante eſt
de 1 0 8 0 parties. On a écrit ſur la même
Planche, de l'autre côté, *Que chaque portion*
du Tuyau, marquée pour un degré, contient
préciſément une de ces parties ou meſures, dont
il y en a 1 0 0 0 dans le volume de la liqueur
condenſée par la congellation de l'eau.

Ce petit nombre de remarques contient
ce que la conſtruction de ces Thermometres a d'important; mais ceux qui n'étoient
pas inſtruits des vûës qu'on s'étoit propo-
ſées, n'ont pas aſſés entendu ce que ces
remarques ſignifient.

Au deſſous, ou à côté du terme où la
liqueur doit ſe trouver, quand il fait aſſés
froid pour geler l'eau, on a écrit *Congellation*
artificielle de l'Eau. A gauche, vis-à-vis le

trait qui marque ce terme, eſt écrit *1 0 0 0*;
ce qui ſignifie le nombre des parties ou
meſures du volume qu'a alors la liqueur. A
droite, vis-à-vis l'autre bout de ce trait,
eſt écrit *0*, ce qui ſignifie qu'il y a là o degré, ou que c'eſt de-là qu'on commence à
compter les degrés, dont les uns vont en
montant, & les autres en deſcendant.

Chacun des uns & des autres eſt expri-
mé de deux maniéres. A droite, par un
chiffre, qui marque quel quantiéme eſt ce
degré de la ſuite de ceux qui ſont au deſſus
ou au deſſous de la congellation de l'eau;
10, par exemple, dans les degrés aſcendants, marque le 10me degré de la ſuite
des degrés aſcendants. Mais à gauche, ces
degrés ſont exprimés d'une autre maniére;
ils le ſont, dans la colomne aſcendante,
par le nombre 1 0 0 0, augmenté du nombre qui exprime à droite la valeur de ce
degré; & dans la colomne deſcendante par
le nombre 1 0 0 0, dont on a ſouſtrait le
nombre qui exprime à droite la valeur de
ce degré; ainſi à gauche, vis-à-vis le 10me
degré de la colomne aſcendante, on écrit
1 0 1 0, & vis-à-vis le 10me degré de la
colomne deſcendante, *9 9 0*. Les nombres

de la gauche expriment le volume actuel
de la liqueur, qui est vis-à-vis un degré;
& les nombres de la droite expriment la
différence de ce volume à celui de la liqueur condensée par le froid de la congellation de l'eau.

On a mis bien moins de degrés au dessous de la congellation de l'eau qu'on n'en
a mis au dessus, parce que dans les plus
grands froids qui nous sont connus, la liqueur ne descend pas autant au dessous de
la congellation qu'elle s'éleve au dessus dans
les plus grands chauds.

Entre les Thermometres construits sur
ces principes, il y en a qui ont bien moins
de degrés ascendants & de degrés descendants que d'autres; ceux qui en ont le
moins, en ont probablement assés pour
fournir au jeu de la liqueur, pourvû qu'ils
en ayent 20 au dessous de la congellation,
& 40 au dessus; c'en est de reste pour des
climats tels que le nôtre, & il y a appa-
rence que c'en est assés pour les climats les
plus froids, & pour les climats les plus
chauds. La différence des rapports entre les
diametres des Boules & ceux des Tubes est
cause de cette différence du nombre des

degrés, mais elle n'en produit jamais dans la valeur de chaque degré.

Outre que ces Thermometres ont pour point fixe le degré de froid qui gele l'eau, ils ont auſſi celui du plus grand degré de chaud que l'eau boüillante puiſſe donner à l'Eſprit de Vin du Thermometre, ſans le faire boüillir. Quoique ce terme ne ſe trouve pas ordinairement ſur la planche, on l'a aſſés déterminé en caractériſant l'Eſprit de Vin, en diſant que la dilatation de l'Eſprit de Vin par l'eau boüillante, au deſſus du volume où il eſt réduit par la congellation de l'eau, eſt de 80 degrés. Car que la liqueur ſoit au 20me degré aſcendant ou de dilatation, de-là on ſçait qu'elle eſt à 60 degrés de celui où la chaleur de l'eau boüillante la feroit monter ; qu'elle en eſt à 90 degrés, quand elle eſt deſcendüe au 10me degré deſcendant ou de condenſation.

On a marqué ſur le Thermometre un terme de température d'air, un terme de froid, & un terme de chaud remarquables ; ſçavoir, la température d'air des Caves de l'Obſervatoire, qui eſt environ à 10 degrés $\frac{1}{4}$ de ces Thermometres. La conſtance

de ce degré de température est très-singu-
liére. M. de la Hire a trouvé son Thermometre au même degré dans ces Caves pendant les plus violentes chaleurs de nos Etés,
& pendant le plus rude froid de 1709.

On a marqué aussi quel a été le plus
grand degré de froid à l'Observatoire en
1709, & quel y a été le plus grand degré
de chaud dans les années 1706, 1707,
1724, qui sont les plus chaudes de celles
sur lesquelles on a fait des observations.
Pour déterminer ces termes, on a comparé
une suite de degrés du Thermometre de
l'Observatoire avec une suite de degrés du
nouveau Thermometre. Du résultat de
cette comparaison, on a conclu que si les
marches des deux Thermometres étoient
par-tout dans le rapport trouvé, qu'en
1709 le nouveau Thermometre eût marqué le plus grand degré de froid à 14 degrés $\frac{1}{4}$, & le plus grand degré de chaud
des années 1706, 1707 & 1724 à 29
degrés $\frac{2}{3}$. Mais ces conséquences pourroient
bien n'être pas absolument exactes, & ne
donner qu'un à peu-près. Dans la suite,
lorsqu'on aura comparé, en Eté & en Hyver, le nouveau Thermometre avec celui

de l'Observatoire, on pourra rapporter, avec une exactitude suffisante, les observations de l'ancien sur le nouveau, & ramener à des mesures plus connües la belle suite d'observations qui y ont été faites pendant plus de trente-deux ans. Si ce Thermometre de l'Observatoire venoit à être cassé, le fruit de toutes ces observations seroit perdu. Au lieu qu'on les conservera pour toûjours, dès qu'elles auront été rapportées en degrés d'un Thermometre, qui sont des parties connües d'un volume connu d'une liqueur connüe. Si on vient jamais à essuyer un aussi rude Hyver que celui de 1709, on sçaura quand le froid sera à ce point. Quand nous nous plaignons l'Eté du chaud, on sçaura si ce chaud est moindre ou plus grand que celui qu'on a ressenti dans d'autres années.

On auroit pû diviser chaque degré en deux, ils eussent été encore plus grands que ceux des Thermometres ordinaires, & on en auroit doublé le nombre. Mais il a paru plus commode de les prendre une partie d'un volume de 1000 qu'une partie d'un volume de 2000. Dans le fonds, tout cela revient au même, car un demi-degré

& un quart de degré font aifés à eftimer fur ces Thermometres.

Il eft agréable de fçavoir l'état de l'air de la Chambre qu'on habite ; un Thermo-metre qui y eft placé nous l'apprend. Mais l'air eft plus ou moins froid dans différentes Chambres de la même Maifon, & même dans différents endroits de la même Cham-bre. Les obfervateurs qui veulent contri-buer à nous inftruire fur le plus grand chaud & le plus grand froid des différents climats, doivent tenir leurs Thermometres expofés à l'air extérieur, en dehors d'une fenêtre, avoir attention de les expofer au Nord, & de façon que le Soleil ne puiffe jamais donner deffus. Quand on eft abfo-lument maître de choifir la fituation, on évitera même de placer le Thermometre dans un endroit où un grand Mur voifin puiffe réfléchir deffus les rayons du Soleil, car le Thermometre pourroit alors marquer un degré de chaud plus grand que celui de l'air libre.

Les obfervations, par rapport au froid, doivent être faites le matin, vers l'heure où le Soleil eft levé depuis peu ; & celles par rapport à la chaleur, doivent être faites après midi, vers les deux, trois ou quatre heures, felon les faifons. Quand on veut déterminer un degré fur un Thermometre, ou qu'on veut comparer ceux de différents Thermometres, la détermination de ce degré & la comparaifon de ceux de Thermometres différents n'eft bien fûre que quand la liqueur a refté conftamment à ce terme pendant quelque temps, par exemple, pendant un demi-quart d'heure ; car dans des Thermometres différents, dont la liqueur doit arriver au même terme par le même degré de chaud, celle des uns pourra parvenir à ce terme un peu plus tard que celle des autres par différentes circonftances. Le plus ou moins d'épaiffeur du Verre, une plus grande quantité de liqueur, pourroient être caufes que la liqueur des uns ne feroit pas auffi-tôt échauffée ou refroidie que celle des autres.

On ne s'eft arrêté ici qu'à expliquer les caufes des irrégularités les plus confidérables des Thermometres communs, & comment on les évite par la nouvelle conftruction. Mais il refte encore aux anciens Thermometres des caufes d'irrégularités plus délicates auxquelles on ne devoit pourtant pas négliger de chercher des remedes. M. de Reaumur leur en a trouvé de convenables, mais les inconvénients auxquels il a fallu obvier, & la maniére dont il l'a fait, ne sçauroient être bien expliqués que dans des Differtations affés longues ; celles qui étoient néceffaires pour donner des éclairciffements complets, feront imprimées dans les Mémoires de l'Académie des Sciences.

FIN.

189